ISO 9001:2008/ FM 78418
BS EN ISO 14001:2004/ EMS 553450
BS OHSAS 18001:2007/ OHS 563601

GUANGDONG KIN LONG HARDWARE PRODUCTS CO.,LTD
ADD: Daping Industrial Zone, Tangxia Town,
DongGuan City, GuangDong Province, China
Tel: +86-769-82166666 82136666 +86-13827420353
Fax: +86-769-82955269 82955268
E-mail: mail@kinlong.com

坚朗 KIN LONG

坚朗 KIN L

Construction Hardwar

建筑五金专家

U Groove Door & Wi

Typical Product

Point-fixed Glass Wall Fittings Typica

坚朗® KIN LONG®

PRODUCT WORLD

CONSTRUCTION HARDWARE EXPERT

Frction Stay and Pegstay Series

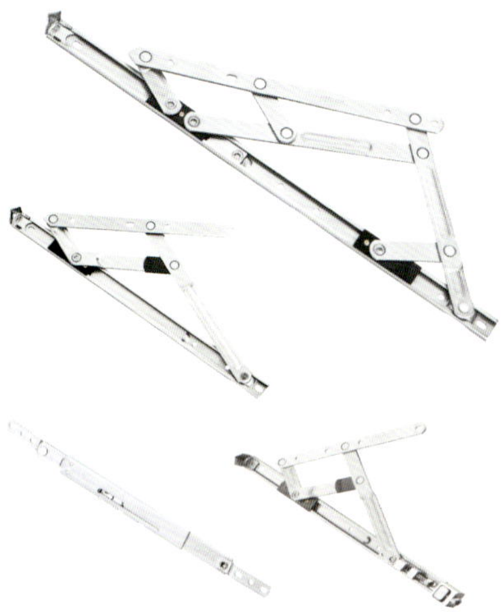

Sliding Roller Series

Door Control Hardware Fitting

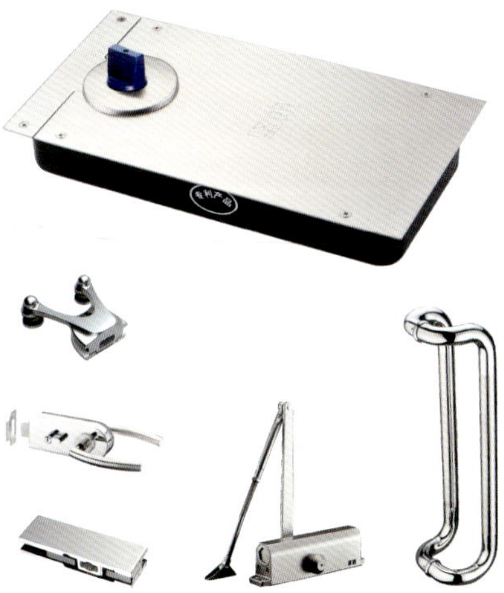

Mechanical lock Series

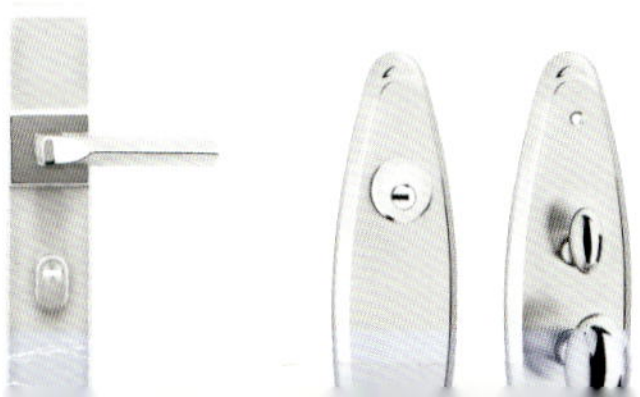

Smart Door Lock

Bathroom Hardware Accessory

一个城市的幸福

墅设计

星艺装饰文化传媒中心 编著

暨南大學出版社
JINAN UNIVERSITY PRESS

中国·广州

图书在版编目（CIP）数据

一个城市的幸福·墅设计/星艺装饰文化传媒中心编著. —广州：暨南大学出版社，2014.5
ISBN 978-7-5668-0950-6

Ⅰ.①一… Ⅱ.①星… Ⅲ.①别墅—建筑设计 Ⅳ.①TU241.1

中国版本图书馆CIP数据核字（2014）第048290号

出版发行：暨南大学出版社

地　址：中国广州暨南大学
电　话：总编室（8620）85221601
营销部（8620）85225284 85228291 85228292（邮购）
传　真：（8620）85221583（办公室） 85223774（营销部）
邮　编：510630
网　址：http://www.jnupress.com http://press.jnu.edu.cn

排　版：广州良弓广告有限公司
印　刷：深圳市新联美术印刷有限公司

开　本：625mm×950mm 1/16
印　张：11.5
字　数：132千
版　次：2014年5月第1版
印　次：2014年5月第1次

定　价：208.00元

设计幸福　播种快乐

Creat Happiness and Deliver Joy

蒲公英的境界：不择地域，自由自在，不娇不媚，药用食用皆可，春发美姿质，秋英播四野。

舒适与幸福是空间设计的目的，舒适即快乐，快乐即幸福。牡丹般雍容华贵、艳丽多彩的空间设计让人幸福快乐，蒲公英般平凡清新、舒适温馨的空间设计同样让人快乐幸福。

上周在伦敦换了个居所，虽也与先前租住近两年的居所面积差不多，但新居所由自己设计，布置得有清新、轻松的艺术美感，因而平添了几分舒适、快乐的生活情趣。我喜欢把艺术与生活、与生命、与阳光、与轻松糅于一起，也乐于留更多空间供未来生活扩充之用或以备不时之需。生活空间尽量不摆纯收藏品，我不喜欢摆放自己内心生活不需要的东西，即使是价值连城之物。我也不喜欢栽种难以伺候的花草树木，因为不轻松、不自如就不幸福了。设计依循生活与心身需求是我不变的原则：设计幸福，快乐在其中。

新居所是座小别墅，比原先居所多了前、后院，有花有树有草地，还有了一个小憩处，休闲桌椅摆放其间。有了这个享身悦心的小憩处，我顿觉幸福了许多，神定了许多。这不，撰写本文时，我正是于此开启思绪，把设计话题引向大自然的。

伦敦的居所大多有庭院。虽然在这个小庭院才住上一周，但我对院中自然存在的花木已多番观察与研究。眼下正逢秋季，院中几株月季花，已经萎败凋零，先前住户种的夏季瓜菜也只见残蔓黄叶，唯有草地上的蒲公英仍在欢快地开放着。小院草坪不大，四十平方米左右，其间开着金黄小花的蒲公英当有上百株，有的正顶着球状白色花絮在微风中摇曳，不时地随风飘扬，飞出一支支小伞状种粒。稍不留神，花絮飞尽，只剩下光秆，像秃了头的红缨枪。光尽的秆，在秋风秋雨中慢慢变枯泛黄，但它依然坚挺着，似乎在等待飞离的种子们扎根了土地，孕育出新生命后才终结生命，泥化归土。这应该就是哲学家们常描述的悲壮美丽吧。与辣椒、豆角或葱、蒜等蔬菜植物需要年年播种不同，蒲公英系多年生草本植物，随风飘落，自我繁衍，扎根一处，便能自在生长、繁殖多年。

蒲公英单独欣赏，很漂亮，但如果在牡丹、月季、兰花等名贵的花卉面前，就难以引人注目，其花朵也小得令人心怜。我想，院中的月季开放起来肯定是十分艳丽的，可这小小的蒲公英，却让我沉醉于眼前。我相信许多人跟我一样，对花色的深刻记忆不一定是牡丹、月季、兰花等名贵的花卉，而是这名不见经传的蒲公英。随遇而安，心安即吾乡，正是因为蒲公英这种不拘泥于俗约的自由自在的品质，才赢得我们的关注和喜爱，我们对生活方式的追求与向往，不正是如此吗？

大自然就是这么自然而然地把蒲公英设计创造得如此美丽又如此平凡朴实、如此谦逊又如此自由飘逸。她生长庭院不拘泥，伫立路边不卑下，居山栖坡不艳不俗、不亢不卑。我在想，人类应当没有不喜欢蒲公英这般自然天成的大美的吧！我们设计人应当向大自然这位设计大师学习，在家居空间的设计上，既要有蒲公英般的清新自然，又要有蒲公英般的亲和自在。

设计人是什么？就是蒲公英那挺立的花秆，使命昭然：把舒适、幸福生活的快乐，不遗余力地传播出去！

记得蒲公英是开白色小花的，我这小院的蒲公英怎么开的全是金色小花？以后一定抽时间去向大自然这位大设计师讨教……

愿同本书读者及设计同仁一道探寻幸福设计。

是为序。

星艺创始人、总设计师

2013年9月11日于伦敦

CONTENTS/目　录

墅设计

Villa Design

Wantong International

万通国际

项目名称：万通上游国际
设计施工：广东星艺装饰集团
项目面积：350 平方米
项目地址：天津红桥区万通
设 计 师：张耀龙
项目用材：大理石、墙纸、中式构件、软木、黑镜等

Design notes

设计说明

本案是具有浓厚中式风格的空间。新东方风格的设计应该是传神、写意，气质上是东方的，绝不是传统符号的写实和图注式的象征，更不是文物式拷贝和复古的中国传统“蜡像馆”。

关于禅意风格，它首先是与“静”有关，对于目前由于紧张而变得执拗的现代生活，禅确实能对人们以往的成见、偏见及刻板的观念进行有益改善。

尤其是在我们这个缺乏平静的环境下，所有人似乎都显得有些急躁，追求各种目标的速度都在加快。设计的追求，就是让我们置身其中时，总有一种“似曾相识”的感觉。

Tianjin Yeshine Park

津贻成园

项目名称：天津贻成园联排别墅
设计施工：广东星艺装饰集团
项目面积：280 平方米
项目地址：天津
设 计 师：冷金良
项目用材：澳松板喷白漆、皮革软包、雕花板、进口壁纸、定制石膏灯盘等

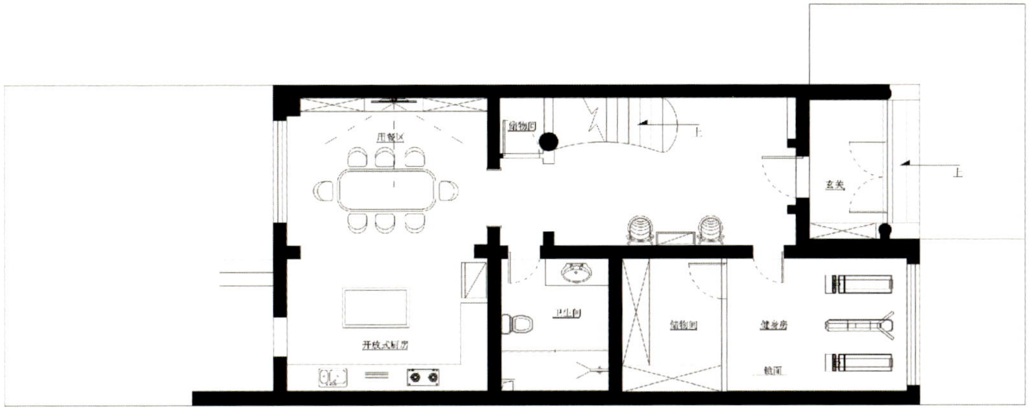

Design notes

设计说明

室内设计的核心要求是以人为本，现在大家都在探讨实现以人为本的形式，也许是强调功能至上，从设备到家具都极大地满足业主的生活习惯，也许是形式上实现业主追求的风格和视觉效果。

本套方案的业主是一对事业有成并且生活中充满浪漫情调的年轻夫妇，在沟通的过程中，我们明确了业主对于法式风格的偏爱。法式风格推崇优雅和高贵，它是一种基于对理想情景的考虑，追求建筑的诗意、诗境，力求在气质上给人深度的感染，本案中细节之处精致细腻的雕花、线条无不体现出法兰西的浓情浪漫。过于追求繁复的形式美无疑要牺牲居住者一部分生活便利，我们无法在花团锦簇的一片精致中自由行走，怎样在两者之间寻找一个完美的平衡是设计师需要思考的问题。

整体空间选择了纯净的白色系，描绘地中海风景的壁画贯穿入门过道，墙面采用波浪形式，配合顶部典型的法式花盘，营造出浓浓的法式风情。

风格是一种延续，异曲同工的花盘延续到餐厅顶部，餐厅家具秉持典型的法式风格搭配原则，餐桌和餐椅均为米白色，表面略带雕花，配合扶手和椅腿的弧形曲度，显得优雅矜贵，在白色的卷草纹窗帘、水晶吊灯、瓶插玫瑰花的搭配下，浪漫清新之感扑面而来。

橱柜的选择则体现以人为本，纯正的法式橱柜并不适合中国人的烹饪习惯，设计师提议选择白色调的橱柜，从色系上去把握整体的和谐，而平滑规整的烤漆面板则有利于日常的清洁和使用。

客厅的顶部造型看似脱离了整体的造型走向，但是细看不难发现，在分割的灯带处花格的选择是设计重点，花卉形式的花格暗示了法式情结，在灯光的映衬下浪漫且唯美。

竖向条纹壁纸一向是法式的最佳代言，优雅而简练的线条与花格的柔美交相辉映，对比且有序。

Tianjin Yujing Park

津御景园

项目名称： 天津御景园独幢别墅
设计施工： 广东星艺装饰集团
项目面积： 550 平方米
项目地址： 天津
设 计 师： 冷金良
项目用材： 西班牙进口艺术漆、水曲柳饰面着色、锻造铁艺、纯手工釉面砖、进口壁纸等

Design notes

设计说明

本套案例的业主驰骋商界多年，拥有成功的事业以及和睦的家庭，这就使得业主对家居生活的要求除了体现与其身份相符的大气奢华之外，更重要的是兼顾生活的舒适和便利。

经过前期的沟通，设计师将风格定位为糅合了巴洛克的奢华和印第安的舒适自然的美式殖民时期风格。

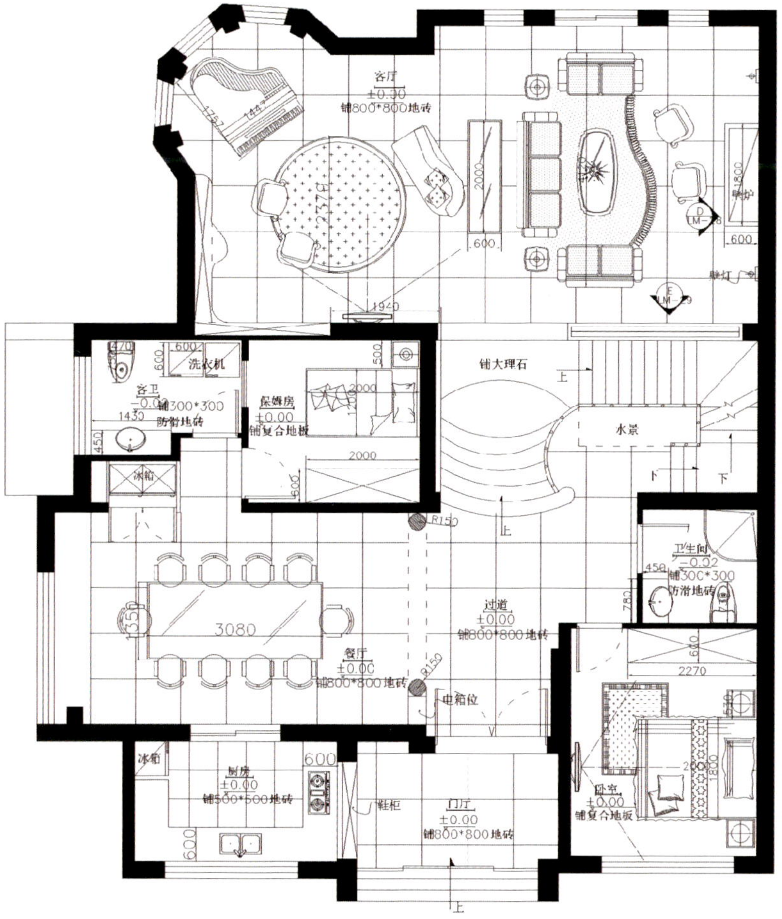

一层客厅被分为两个部分，其中一部分被用作主要的待客区域，美式沙发按照中轴对称的形式摆放，体现居室的尊贵和正式，壁炉也是营造气氛的重要手段。设计师做了一个与待客区形式上形成对比的区域，围绕在咖啡桌旁边的三把单椅营造出慵懒而舒适的氛围，适合家庭成员之间的情感沟通。硬装方面设计师选择了木色清漆假梁和护墙板作为主要装饰手段，木质传达出自然和厚重的视觉效果，完美诠释了美式风格的精神。

二层书房采用了开放形式，旁边的漏窗是典型的印第安形式，保证了采光的同时增加了居室的装饰感。在这个美式家居当中，女孩房被打造成一个粉色的空间，加上柔美的床幔，这个空间注定是为“公主”创造的。

对于三层的琴房，业主想要古色古香的中式风格，设计师在满足要求的前提下，提议家具的选择应该偏向清式家具。在形式上，清式家具的华丽造型比明式家具更符合美式的基调。营造一个格调高雅、大气、沉重内敛、书卷气浓厚的氛围，是本设计的宗旨。

本案在文化内修及生活品质的打造上属上乘之作，再现了文化内涵的渗透与融合，创造了一种时尚与实用的文化空间，适当融合了欧洲贵族奢华的地域元素，华贵柔美，稳重中透着睿智。

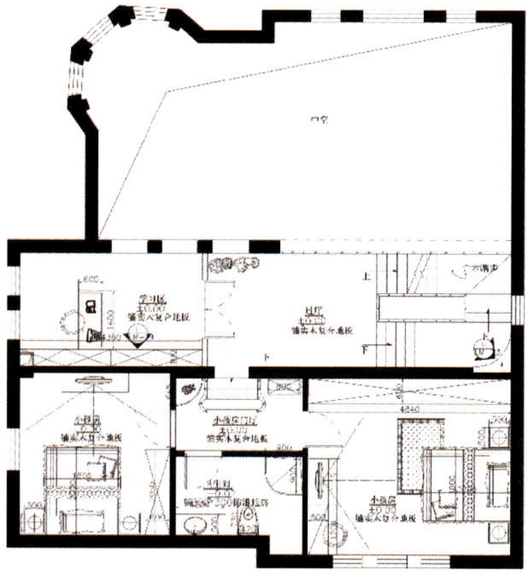

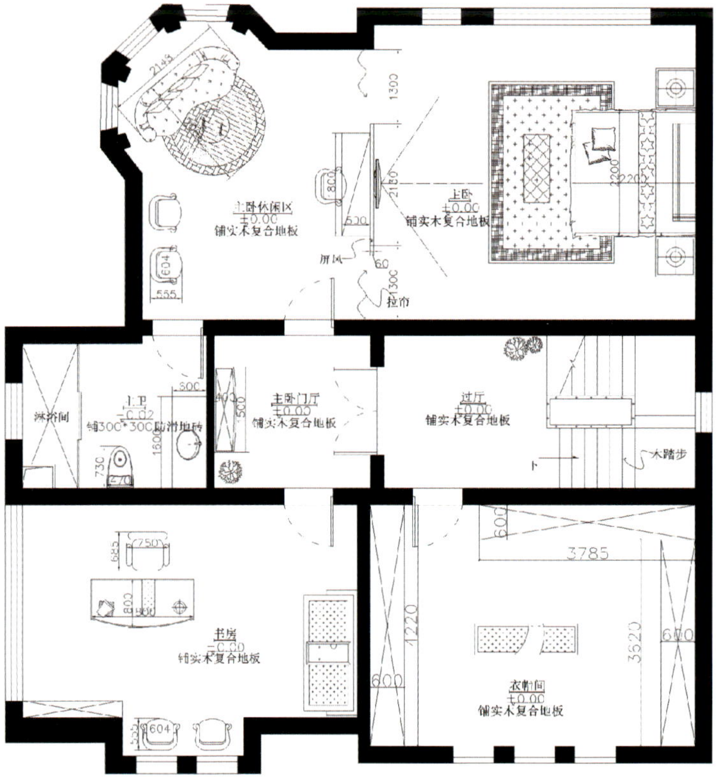

2143
1300
主卧休闲区
±0.00
铺实木复合地板
800
2100
500
屏风
60
1300
604
555
主卧
±0.00
铺实木复合地板
2200
2220
淋浴间
主卫
-0.02
铺300*300防滑地砖
300
1600
730
470
主卧门厅
±0.00
铺实木复合地板
400
500
过厅
±0.00
铺实木复合地板
木踏步
书房
-0.00
铺实木复合地板
750
685
800
604
555
衣帽间
±0.00
铺实木复合地板
600
3785
1220
3520
600
600

Tranquil Valley No.29

清谷 29 号

项目名称：泰达清谷独幢别墅
设计施工：广东星艺装饰集团
项目面积：380 平方米
项目地址：天津
设 计 师：冷金良
项目用材：水曲柳饰面着色、金属马赛克、纯手工釉面砖、进口壁纸、实木雕花等

Design notes
设计说明

本案是一套独栋别墅，位于远离闹市的森林公园深处。别墅群本身根据建筑布局特点、地形地貌特征进行了高水准的景观设计，以大面积的景观打造了一个真正的生态居住区，周边空气清新，社区的环境得到很好的净化，在繁华中营造了一片绿色的静谧。

业主购买这样一套别墅的意图很明显，即迫切想逃离霓虹的喧嚣，寻找一片内心的净土。业主是一位有别于传统意义的商人，凡事必先以仁义礼智信为前提，相信金钱利益是建立在这些之外的附属品。在起初沟通的过程中，设计师感受到了这位中年男人身上的书卷气，他有着中国传统的温文尔雅和丰富内涵。

在方案构想之初，业主和家人都倾向于中式风格，但是对于传统中式的繁复和以深色为主的色调有一丝顾虑，在设计师的建议下，最终放弃传统意义上的以清式家具为主的中式风格，将本套案例定位为新明式风格。清式家具和明式家具从形式到用料都有很明显的区别。明式家具以其简约、流畅、优美的线条和强调功能至上的特点在世界设计史上独树一帜，影响了包括北欧功能主义在内的众多设计流派。新明式主义规避了材料的限制以及一些失传的工艺手法，力求用现代的语言去诠释古典的精神，将传统符号化。

在具体的设计中，一层客厅的高度给了设计师巨大的发挥空间，顶部采用清漆实木拼接成梯形吊顶，墙面延续吊顶的材料和做法，浑然一体的造型奠定了空间大气恢宏的基调。

电视墙没有繁复的造型，大面积的石材以表现室内质感为主，鹿头壁挂为客厅增添了一丝野性。在家具搭配方面，设计师放弃了传统的中式木质沙发，考虑到居住者的舒适程度，选择了没有一丝多余装饰的几何形体的沙发，继承了明式家具简约和大气的同时又满足了使用者的生活舒适。

餐厅的大面积分割石材墙面延续了客厅的设计特色；吊顶简化的回纹花格具有典型的明式特征；餐桌椅的选择和吊顶在形式上保持一致，在直线条的轮廓下又有耐人寻味的小细节，可谓独具匠心；主卧摈弃繁复的装饰，简约形式对于材质就有了近乎苛刻的要求；床头处用直线条分割的素面真皮软包装饰透露出低调奢华的质感；地毯的纹样起到了活跃气氛的作用。

中国人对于审美讲求留白，设计师用一些细节处的设计空白，完美体现了居住者想要表达的儒家精神，真可谓“斯是陋室，惟吾德馨”。

Elegant Garden

雅居花园

项目名称：雅居花园
设计施工：广东星艺装饰集团
项目面积：326 平方米
项目地址：天津滨海新区
设 计 师：陈伟伟
项目用材：壁纸、仿古砖、木雕花等

CCTV 3
综艺

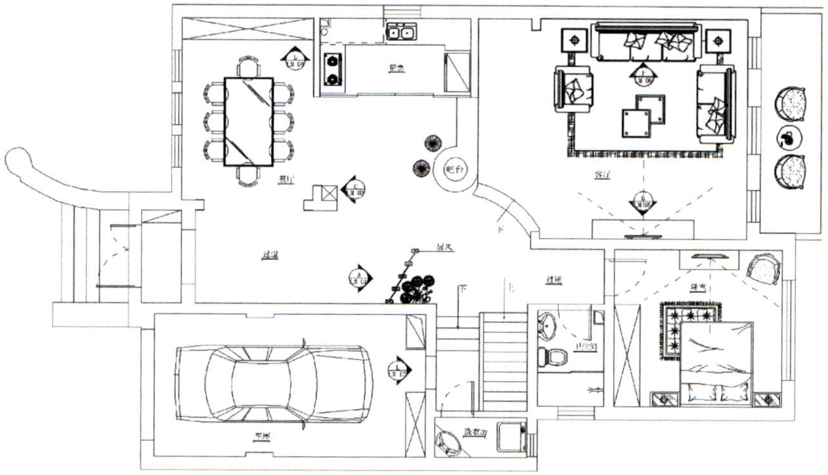

Design notes

设计说明

本案为新中式风格，建筑面积为 326 平方米。

整体风格用中式而稳重的手法演绎大气精神，同时又不失高尚古典的生活品位。此处，将现代和传统元素结合在一起，以现代人的审美打造古典韵味的事物，运用简单大气的手法，为业主营造一处经典、气派的大居所，体现出主人优雅舒适的生活态度。

在空间与造型的处理上，尺度的把握恰到好处，本案的宗旨在于营造一个蕴含文化气息的雅致空间。

Kikunami Court A

听涛苑 A

项目名称：滨海泰城·听涛苑 A
设计施工：广东星艺装饰集团
项目面积：95 平方米
项目地址：天津滨海新区
设 计 师：陈伟伟
项目用材：壁纸、镜面不锈钢、黑镜等

Design notes

设计说明

在玄关处衣帽柜的设计上，用一面黑色烤漆玻璃柜门，压低了进门处色调的明显视觉冲击力。同时，反光面也延伸了空间感，反射出对面抽象的装饰画的艺术氛围。客厅电视背景墙，平行的黑白两种材质下边呼应了整体风格，上面形成大面积的简与繁的视觉反差。局部酒柜的镜面，不锈钢棱角的反光面，让空间更加时尚，线面更加分明。

一个精致时尚且颇具艺术感的空间，既诠释了空间设计的美感，又凸显了生活的雅致趣味，这也是设计师在此空间设计上的一种尝试和追求。

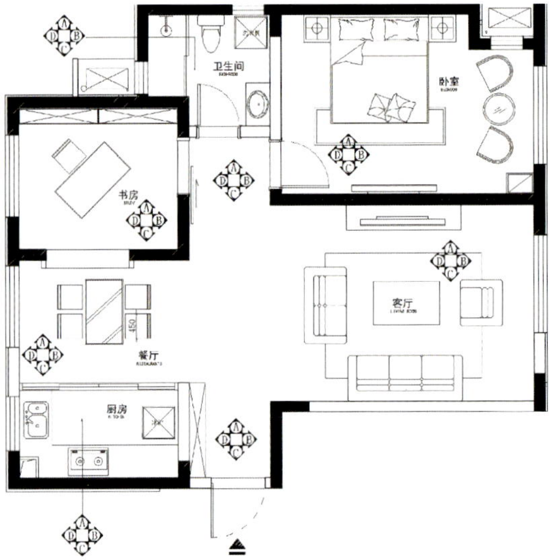

本案是 95 平方米的精致、时尚户型设计。设计之初，设计师在原有空间上进行色调与空间的合理分配，以及空间功能区利用的划分，让空间满足使用者的需求，并在风格趋向的设计上力求创造出一种现代时尚的空间美感。

在设计构思上，设计师将黑、白、灰作为主色调，咖啡色作为点缀色。在空间灯光运用上，又搭配适当的暖色光源，显得时尚而又不失温馨。

Kikunami Court B

听涛苑 B

项目名称：滨海泰城·听涛苑 B
设计施工：广东星艺装饰集团
项目面积：65 平方米
项目地址：天津滨海新区
设 计 师：陈伟伟
项目用材：壁纸、烤漆玻璃、软包等

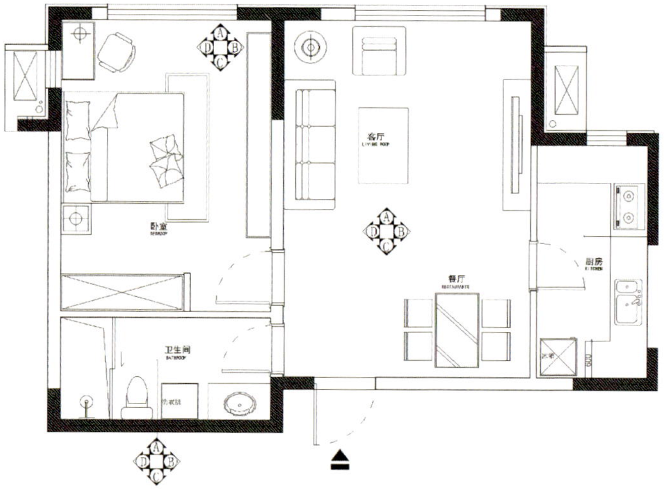

Design notes
设计说明

人居住的空间不见得要多大，但一定要有恬静与温暖感。值得说明的一点是，不是要有多大的容纳空间才是舒适。在偌大的社会里，如何打造适合自己的小空间，这或许是设计师应该去仔细考量的。

我们理想的家，是寻觅那一份温馨。用简单的、避开繁杂的设计表现手法，让居住者在那一个小空间感到家的舒适和自然。

在具体设计中，不大的两个厅合二为一地统一整合起来，天花局部区域划分了两个空间，使之既成整体又相对独立。在色调和材质选择上，设计师把清淡的色调发挥得淋漓尽致。地面局部无规则拼贴地砖，让空间在无形中活泼了起来。绿色的地毯，给人一种向上的生机美感。墙面的雕花植物向上生长，一种正能量油然而生。清淡写意的现代简约设计，也许就是在这些细节的设计中慢慢展现出来的。

Kikuami Court F

听涛苑 F

项目名称： 滨海泰城·听涛苑 F
设计施工： 广东星艺装饰集团
项目面积： 85 平方米
项目地址： 天津滨海新区
设 计 师： 陈伟伟
项目用材： 壁纸、木纹砖、木雕花等

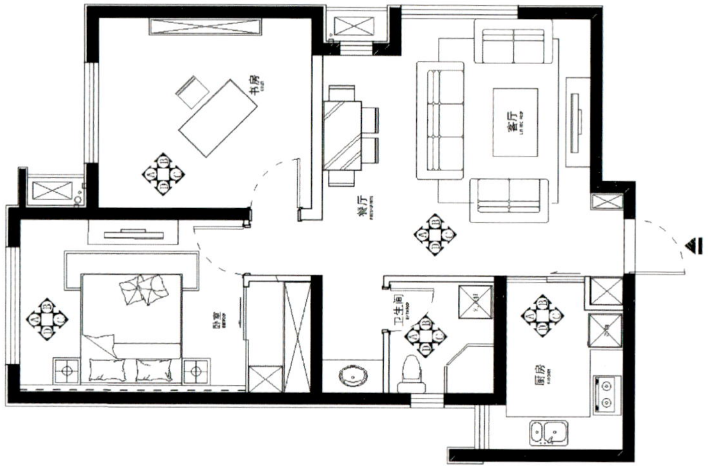

Design notes
设计说明

新中式风格不是纯粹的元素堆砌，而是通过对传统文化的认识，将现代元素和传统元素完美地结合在一起，以现代人的审美需求，来打造富有传统韵味的艺术空间，让传统艺术得到合适的体现。

本案在设计中，设计师力求以温馨舒适的氛围来诠释空间，特别注重空间的整体性，这具体表现在材质质感和色调搭配上。大面积浅黄色是由软包壁纸和灯光带来的，不大的空间加上软式家具的搭配，使空间透出一种温暖感。

中式元素的运用，主要表现在不同局部的材质上，既让其有一定韵味感，也避免了繁多的装饰。小餐厅在墙面蓝色壁画的映衬下，显得时尚又大气；餐厅、客厅的布局设计，没有做立面分隔，让其保持了相对宽敞的空间感。

厨房和电视墙改造的凹面，构成了玄关处的衣帽柜，既不影响空间的无形浪费，又具有很大的实用性。进入客厅，旧面的仿木地面砖和墙面浅蓝色的荷叶，远远望去，让人仿佛置身于江南庭院。电视墙白色镂空木雕和背面的茶镜，让整个空间有种时尚的现代感和空间感。另外，所有的材质、配饰、灯光之间都有某种联系，或多或少地有点类似，使“部分”在“整体”的统领下彰显魅力。

Tikunami Court G

听涛苑 G

项目名称：滨海泰城·听涛苑 G
设计施工：广东星艺装饰集团
项目面积：120 平方米
项目地址：天津滨海新区
设 计 师：陈伟伟
项目用材：壁纸、乳胶漆、黑镜等

Design notes

设计说明

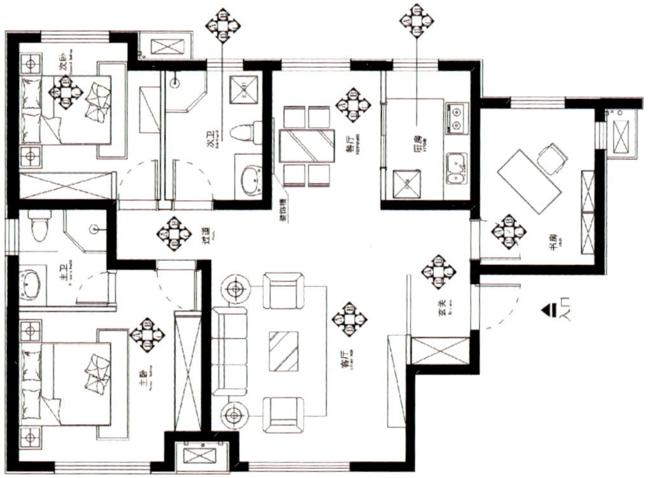

本案为 120 平方米三室两厅两卫户型，其中有两间卧室一间书房。

在设计中，设计师主要的思路是将现代简约与新装饰主义结合。风格中其一的主基调是黑色，在现代设计中，使用烤漆玻璃把这种小奢华味道往浅色调的中性色系和浅色系进行了过渡。

本案根据风格特点，通过黑色、浅黄色和银色搭配水晶，以崭新的姿态表现时尚艺术和现代特色的经典气质，并致力于塑造一种现代新贵家居的概念。在设计中充分考虑体现效果的同时，又极力地向节能环保的设计理念靠拢。玄关处正对位墙面空间有些紧凑，空间感也不够强烈，所以改造为镂空屏风，既起到装饰作用，也增强了空间的通透性，在满足使用空间需求的前提下，更体现出现代主义的低调奢华。

Country Garden Villa

碧桂园墅

项目名称：碧桂园别墅
设计施工：广东星艺装饰集团
项目面积：280 平方米
项目地址：天津津南区
设 计 师：武小莉
项目用材：墙纸、石材、抛光砖、软包

Design notes

设计说明

一杯咖啡，一本书，一段纯纯的音乐……这一刻，让我们爱上这一刻。业主对这个三层叠拼寄予了很多期待，从顶面到地面，设计师在合理分区的同时，还要把业主的愿望一一实现。

客厅：当大理石遇上镜面不锈钢，是何种的演绎风格呢？这有待于空间的主人去细细品味。而这一切却被电视见证了。沙发的随意，虽然没有为空间添彩，可置身其中却是那么地和谐。桌上随意的摆件和书的有意结合，显得那么地相得益彰。顶面的灯光温柔地俯视着这些，为它们的“和平共处”绽放着自己的光芒。

餐厅：不知道是餐厅沾了客厅的光，还是客厅迁就了餐厅，因为两者的结合不因走道的留取而显出任何的造作和尴尬。不管是餐桌椅还是顶面的经典元素的运用，在灯光的包容下都是那么地得体。与此同时，软包与镜面不锈钢的结合，让装饰手法达到极致呼应。遥相呼应的西厨大面柜子，更是给生活增添了不少乐趣，也是女业主的最爱之处。

主卧：主卧是女业主津津乐道的地方，这里不仅珍藏着她的生活，同时也彰显了她的品位。当初，为了不影响卧室的整体性，卫生间和衣帽间的划分走向，费了一番周折。这也体现了业主对空间完美的要求。没有主灯的卧室应该是当下设计的一个趋势。就这个小小的举动，能让居者舒适愉悦。

小孩房：小孩应该说是这个家庭的重心。这里的一切，无不体现着这位母亲的良苦用心。因为每个细节，需要设计师去精心打造和拿捏，无论是颜色还是形状都是要经得起推敲的。

当这一切都尘埃落定时，幸福的时光也就如期而至了。

The shining World

星耀五洲

项目名称：星耀五洲别墅
设计施工：广东星艺装饰集团
项目面积：460 平方米
项目地址：天津津南区
设 计 师：武小莉
项目用材：墙纸、石材、仿古砖、实木线等

Design notes

设计说明

本案为三层带地下室的独体别墅，经过结构改造，客厅、餐厅和玄关在相互独立的同时又相互牵连，这就是空间，具有生活气息的艺术空间。

由于业主是儿孙满堂的两位老人，可以说他们大部分的欢乐时光都是在客厅里度过，宽大的客厅使家庭时光更加温馨，更加舒适。在设计中，通过沙发围合空间扩展客厅，使气氛暖意融融。

餐厅的独立，把这个大家庭的聚会推到极致，让置身其中的每一位家人都可以无所顾忌地痛快吃喝，因为这里就是品尝美味的天堂，无关乎其他。

地下室的玩具区和视听室是孩子们的乐园。那里的玩伴虽然“结帮拉派”，但是玩具是互通的，在这里永远没对错之分。唯一能让孩子们安静下来的就是隔壁的视听室，因为大家都奔着一个共同的爱好聚在这里，这就是动画片的魅力了。

不管是视听室内部设备还是装饰手法，都让孩子们彻底地疯狂。坐在客厅聊天的大人，听到孩子们天真无邪的打闹声，无不沉浸于此。幸福的点滴，充满每一个角落。

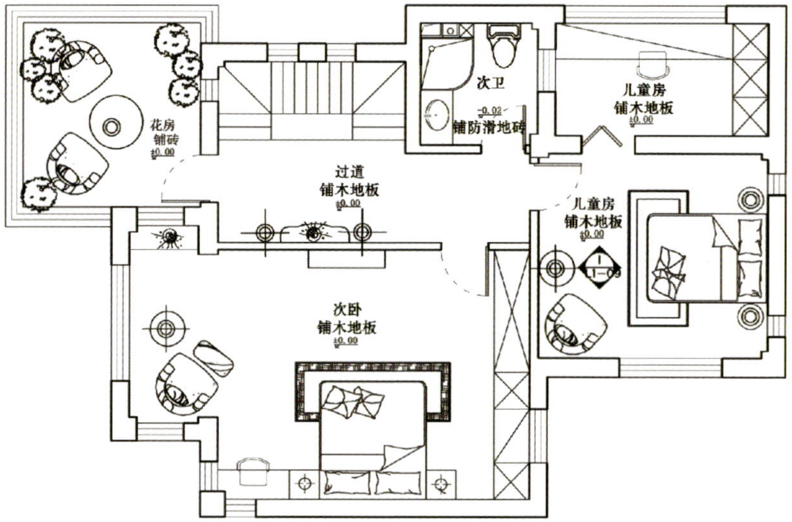
次卫
-0.02
铺防滑地砖
儿童房
铺木地板
±0.00
花房
铺砖
±0.00
过道
铺木地板
±0.00
儿童房
铺木地板
±0.00
次卧
铺木地板
±0.00

Tianjin Bomei Park

津博美园

项目名称：天津博美园
设计施工：广东星艺装饰集团
项目面积：160 平方米
项目地址：天津滨海新区
设 计 师：刘焱
项目用材：玻化砖、黑镜、布艺硬包、高档壁纸、艺术墙砖等

CCTV

Design notes

设计说明

本案为现代简约风格，主要以简洁、实用为主，大胆运用黑白灰强对比。设计师合理利用空间，通过大面积运用壁纸以及金属质感的材质，满足居住者空间使用最大化的追求。

空间体现了主人对时尚的把握和对经典的恪守，对品质低调生活的坚持，对工艺要求的严谨，且兼顾智能化的辅助。这对事业有成的夫妻在居住的环境中诠释了他们对现代生活的要求和表达。

迷恋着永恒，迷恋着黑白灰，纯粹的色彩，纯粹的感受，总是那么不经意间爱上了这种黑白分明、一尘不染的生活。冷酷、时尚、深邃、留白、泼墨……太多词汇可以形容主人对生活的追求，一首诗，一段经典，让它成为永恒，让空间传承这种情感。

忧郁颓废状

Milan Century

米兰世纪

项目名称：米兰世纪
设计施工：广东星艺装饰集团
项目面积：200 平方米
项目地址：天津
设 计 师：刘焱
项目用材：进口壁纸、高档布艺硬包、水曲柳饰面板、欧式仿古砖、大理石等

Design notes

设计说明

任何设计风格的定位，首先都是要满足业主的生活需要，即“实用”，其次才是展现品位及满足审美要求。

此居室整体采用中性色调，稳重、大气，却又不失品位，有令人眼前一亮的感觉。最重要的是强调功能性设计，线条简洁流畅，色彩搭配和谐。

此外，大量使用弧形线条、水曲柳面板以及进口大理石。以同色系壁纸、窗帘等材料作为辅材，同时以丰富的软装与混搭风格的硬装进行完美的配合，营造家居空间美感。

传统中式与简欧的碰撞，以简欧的装饰手法，结合古典中式的装饰元素，呈现出亦古亦今的空间氛围。中式风格的古色古香与简欧的典雅自然衔接，使生活的实用和对传统文化的追求同时得到了满足，并期望这种表现能够完整地体现出居住人对品质、典雅生活的追求，以及视生活为艺术的人生态度。

Forest Oxygen Bar

森林氧吧

项目名称： 森林逸城雅居室
设计施工： 广东星艺装饰集团
项目面积： 170 平方米
项目地址： 河北秦皇岛
设 计 师： 王兵
项目用材： 马可波罗瓷砖、必美地板、卓越家具、法标洁具、皮阿诺橱柜、老板电器、班尔奇衣柜等

Design notes

设计说明

本案设计的主题为新古典，用现代的手法表现传统的风格。

平面布局上没有太多的弊端，因此改动比较小，只是将餐厅和健身房做了空间互通，让彼此的空间显现得更加宽敞明亮。厨房也采用半开放式，使空间感进一步加大。

入口处除了满足基本的功能外，装饰上用了大面积的灰镜和银镜，在镜面上磨砂了花纹图案，在拓宽入门空间的同时，也显现了很好的装饰效果。

电视背景和沙发背景采用了局部对称的二维矛盾空间手法，在以黑白颠倒的对比来突出彼此主题的同时，又和谐统一了整体的装饰氛围。

客厅阳台有很好的观海景观效果，所以在阳台的入口增加了具有装饰性的过渡空间。罗马柱在强调了装饰风格的同时，也增加了空间的建筑美感，装饰造型结合灯带，形成了很好的观景画框效果。

健身房尽可能地营造出在自然中健身的效果，其和餐厅之间的景观玻璃让健身人产生“森林氧吧”的遐想，大对比的黑红地板进一步刺激运动神经，让健身运动的效果更佳。

主卧大面积采用了软包结合 LED 四色灯的造型点缀，让主人可以随着心情的不同开启不同颜色的灯光。

躺在软软的床上，小小的灯光似五彩的繁星，伴着大海的潮起潮落，让思绪无边地蔓延……

Yudaiwan Villa

玉带湾墅

项目名称：秦皇岛玉带湾
设计施工：广东星艺装饰集团
项目面积：160 平方米
项目地址：河北秦皇岛
设 计 师：王兵
项目用材：马可波罗瓷砖、爱依瑞斯家具、箭牌卫浴、皮阿诺橱柜、瑞宝壁纸等

Design notes

设计说明

本案在平面上主要是把厨房和餐厅的空间扩大，让本来很小的餐厅显得宽敞明亮。

细节处理上，把餐厅的暖气阀和酒柜的功能相结合，既遮挡了暖气阀，又有了实用功能，还起到了装饰作用。针对电视背景墙出现在一个卧室的门口的情况，背景造型采用对称手法，将电视墙整体考虑，让卧室门口成为整个背景墙的一个装饰部分，有效地减弱入口对背景的影响，也让背景墙显得整体大气完整。

主卧有一个弧形阳台，为休闲的亮点，舒适惬意。客厅主要采用黑白搭配，简约清爽，清新自然，落落大方。

Hongyu Villa

红屿艺墅

项目名称：秦皇岛红屿别墅
设计施工：广东星艺装饰集团
项目面积：380 平方米
项目地址：河北秦皇岛
设 计 师：冷焕良
项目用材：进口仿古手工砖、文化石、水曲柳原木、文化砖、草席、实木拼花地板、手工壁布等

Design notes

设计说明

本案设计中，客厅内四处摆放的插画、盆栽和一些具有乡村气息的垂挂装饰品，以及充满田园意境的氛围，让人真切地感受到房内处处充满了太阳和田野的气息。整个家的设计，设计师采用了暖色调，餐厅以阳光餐厅的形式展现，使整个就餐环境的格调凸显出来。

古典与乡村的结合，尊贵与自然的融汇，既不缺少高贵，又不缺乏浪漫。不把某一种风格作为家居的主角，而是让它们如暗香般在每个角落升华。有轻有重，有主有次，看似漫不经心，实则出奇制胜。不仅是将不同风格融汇在一起，更是将生活感悟融汇在一起。

Mingzhu Yiyu Villa

明珠逸语

项目名称： 明珠“逸语”空间
设计施工： 广东星艺装饰集团
项目面积： 110 平方米
项目地址： 河北秦皇岛
设 计 师： 冷焕良
项目用材： 壁纸、地板、软包、磨花镜面、地砖、木雕花等

Design notes

设计说明

现代主义的建筑与室内设计，追求一种文化媒体的传播，寻求时间的流逝与历史的价值；强调室内的复杂性与矛盾性，反对简单化、模式化；讲究历史文化意蕴，追求人情味，从地域历史出发，从地区文化、传统文化出发，创造一种使人有归属感的环境，这种历史主题与现代感的融合真正体现了大众的风格。

光影与空间流动的对话，张扬中蕴含高贵品质，显得儒雅时尚。藏在细节深处的美，是对生活品质的追求。软包质感的时尚搭配，表达出主人的高雅品位，更为简洁舒适。

家，就是这样。也许有时候会厌倦一遍又一遍的重复，但现在因为这一种融合，忽然间丰富多彩起来。

Mingzhu Chengya Villa

明珠城雅

项目名称： 明珠城雅•一个人的世界
设计施工： 广东星艺装饰集团
项目面积： 45 平方米
项目地址： 河北秦皇岛
设 计 师： 冷焕良
项目用材： 仿古砖、复合地板、人造石、钢化玻璃、马赛克、手绘壁纸等

Design notes

设计说明

本案是受地产方委托设计的一居室的房子，业主群定位为年轻白领。甲方要求做成现代风格，并且要具备所有生活功能。

为了尽可能地使用套内每一寸地方，洗手间的隔墙采用钢化玻璃，就餐的区域采用石材吧台，既解决了就餐功能，又增添了时尚感。

睡眠区用错层来区分，使有限的空间更有趣味感，从设计到施工选材、配饰家具等都是基本按照设计思路完成的。

设计师给本案取了这样一个个性的名字——“一个人的世界”，即是为单身贵族打造的一个休闲、静逸、时尚的居所。

Mingzhu Shiyi Villa

明珠诗意

项目名称：东方明珠城“意空间”
设计施工：广东星艺装饰集团
项目面积：160 平方米
项目地址：河北秦皇岛
设 计 师：冷焕良
项目用材：仿古砖、实木地板、软包、壁纸、钢化玻璃、茶镜等

Design notes

设计说明

本案的设计风格为简约欧式，营造典雅、自然、高贵的气质和浪漫的情调是本案的主题。

美的存在，在设计审美者的眼里，总能引起特异的感觉，在“诗意”和“画意”之外，还使其感到一种设计“意空间”的愉快……无论是沙发上晨曦的第一抹阳光，还是餐桌上午后飘香的绿茶，无形中都在诉说，乃至歌唱时间温柔的变迁；由温雅的佳话，到余音绕梁的聚会欢笑，所给的“意”是诗与画的。但是设计师要郑重声明，那里面还有超出这“诗”和“画”以外的“意”存在。

设计，只为自己心仪的居住形态服务。

Xiyuan Curve Villa

西苑曲线

项目名称：燕大西苑动感曲线
设计施工：广东星艺装饰集团
项目面积：180 平方米
项目地址：河北秦皇岛
设 计 师：曾纪昌
项目用材：星艺生态板、实木地板、乳胶漆、绿可木、茶色玻璃、进口壁纸等

Design notes

设计说明

曲线美一直是女性美的代名词，本案将曲线的美体现在家居生活空间里。

入户玄关高低错落的鞋柜，可以满足女性使用需求。天花的曲线和花格装饰引入客厅，采用对角距离最大的曲线弧形设计，让视觉引入 270 度的飘窗。本案坐落于 25 层，海景一览无遗。

餐厨空间更加体现了业主的生活品位，休闲阳台的设计满足了午后休闲和业余舞蹈练习的需求，车边镜能很好地展现女主人的舞姿。

本案用设计为主人营造了一个有纱幔装饰、柔和灯光和曲线灯带的缓和放松的睡眠空间。生活在这个节奏快速发展的时代，曲线能够让我们放慢脚步，听听脉搏跳动的声音。

S

Yanda Xiyuan Villa

燕大西苑

项目名称： 燕大西苑黑白音律空间
设计施工： 广东星艺装饰集团
项目面积： 160 平方米
项目地址： 河北秦皇岛
设 计 师： 曾纪昌
项目用材： 大理石、瑞士地板、乳胶漆、绿可木、黑色烤漆玻璃、进口壁纸等

Design notes

设计说明

本案设计的风格定位明显，就是现代简约，通过直线条营造棱角分明的空间特色。这一点和业主的职业喜好息息相关，机械设计对直角情有独钟，因此无论是大厅的吊顶还是对过道和梁的隐藏处理，多是采用直线来构成直角，形成棱角分明的空间。

3.3 米的客厅挑高空间，很好地把黑白钢琴键盘衬托出来，稍懂音律的人一眼就能看出女主人对孩子音乐兴趣的引导。

银灰色调的进口壁纸很好地充实了空间的黑白灰基调，迎合了楼梯的金属材质，让空间变得和谐。

黑白灰的音律空间加上灯光的点缀，让空间很好地和皮质沙发融合在一起，呈现了居家生活的黑白灰音律空间。

Hongshuwan Villa No.8

红树湾 8 号

项目名称：秦皇岛红树湾
设计施工：广东星艺装饰集团
项目面积：130 平方米
项目地址：河北秦皇岛
设 计 师：魏歆
项目用材：仿古砖、肌理颜色漆、桑拿板、马赛克等

四大辞书

Design notes

设计说明

本案户型地处美丽的海滨之城秦皇岛红树湾，有着得天独厚的地理自然条件，碧海蓝天，让人陶醉。小区大到空间打造，小到细节雕刻，无不体现出“天人合一，宛如天开”的自然式景观效果。

在室内的空间设计中，设计师希望用现代的手法演绎托斯卡纳的阳光与古朴大气的中国风，粗犷与细腻，或陈设，或挂饰等，通过设计的巧妙手法传达出格调清晰、意境优美的人居环境。

设计师在空间中融入托斯卡纳的阳光元素和古朴自然的中式元素，却以现代的手法表现，重在营造意蕴之美。

夸张的颜色跳跃，随处可见的中式摆件，精致而稳重的家具配置，深浅色彩的搭配与把握，将淳朴与时尚共冶一炉，呈现“海边生活”的全新风貌。

Hedun Mountain Villa

赫墩山墅

项目名称：秦皇岛赫墩山
设计施工：广东星艺装饰集团
项目面积：160 平方米
项目地址：河北秦皇岛
设 计 师：张子涵
项目用材：地砖、地板、壁纸等

Design notes

设计说明

经过设计师的反复推敲，整个空间以优雅沉稳、睿智低调为整体基调，使用纯牛皮英式家具以及纯铜吊灯烘托空间整体气氛。

设计手法的娴熟运用，充分诠释着贵族气质。本案以深沉、稳重的赭石色系和米色系及暖色调为主，装饰面通过运用现代造型方式结合英式的传统形式语言，选用棕色系真皮材质、暖色系石材以及实木饰面等材质，在空间中尽力营造出一种低调奢华的高品质居室氛围。

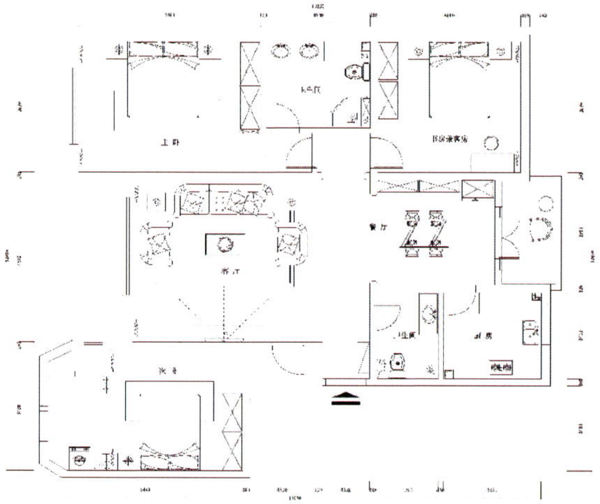

The Gilded Age Villa

鎏金岁月

项目名称：秦皇岛“鎏”金岁月
设计施工：广东星艺装饰集团
项目面积：450 平方米
项目地址：河北秦皇岛
设 计 师：崔健
项目用材：西班牙米黄大理石、壁纸、木饰面、金箔、软包、镜面马赛克等

BTV 北京卫视
TP-LINK

Design notes

设计说明

本案以纯净的欧式风格为主，怀着对异域生活的向往，打造优雅的宫廷式浪漫。简单明快的线条典雅奢华，配以浓郁的宫廷风格家私，让居住者在现代繁华匆忙的都市生活中，能体会到那份浪漫与优雅。除了奢华的感官享受，更多的是为生活带来从容的精神享受。

在暖色的地面大理石拼花的衬映下，淡淡的欧式情怀悠然渗溢。置身门厅，顷刻间感受到一室古典气息，中央璀璨的水晶吊灯是此处的点睛之作。正厅主背景墙上的完美雕花与两边矗立的象征奢华的罗马柱相互辉映，使客厅尽显气派，使人无论在哪个空间都能感受到这份优雅尊贵。

起居室为宽敞、舒适的套间，采用同色系古典花纹壁纸，淡雅柔和，犹如一股温暖的气息弥漫在空间之中，但仍不乏低调与古典的内蕴含义。

主人房床后的背景，以软包和欧式造型的雕花线，辉映两边的罗马柱图案，并以欧式的雕花线贯穿整个睡房。华丽的卫生间，配以卡布奇诺大理石，在水晶灯下显出空间的温馨舒适。

空间的色彩和光线的完美搭配，自然流露出奢华大气、舒适典雅的尊贵气质。设计师将迷人的景色、优雅的家具、柔和的色调及匠心的设计，巧妙地糅合成显赫家族的尊贵府邸。

Longwan Heyun Villa

龙湾荷韵

项目名称：玉龙湾样板间
设计施工：广东星艺装饰集团
项目面积：136 平方米
项目地址：河北秦皇岛海港区
设 计 师：杨留家
项目用材：西班牙米黄大理石、壁纸、木饰面、金箔、软包、镜面马赛克等

Design notes

设计说明

本案设计以中国荷花为脉络，赋《爱莲说》诗词，延伸出荷之高雅：迈出红尘，褪去污浊，以清雅的居住氛围，沉淀出中国文化思想气息。

行走在此空间，仿佛游走在莲池畔，融化于自然中。其中，家具选用具有自由之道，简约之法设计理念的“大普”与“楷模”系列的木质家具，提升了此案的时尚艺术感。

在材料的使用上，墙体艺术手绘、壁纸、仿古砖，以适度的光源辉映，营造出一个雅致的居住环境。

Forest Leisure Home

森林逸城

项目名称：森林逸城叠拼别墅
设计施工：广东星艺装饰集团
项目面积：220 平方米
项目地址：河北秦皇岛
设 计 师：张文涛
项目用材：仿古砖、硅藻泥、实木墙板等

Design notes

设计说明

潺潺的流水，淡淡的花香，感受家的温纯与自由，忘记喧嚣嘈杂的都市，忘记车水马龙的街道，让家成为一个港湾，一个懂你的港湾。

业主是一对 60 岁左右的夫妇，设计师与业主多次详细地沟通，了解到业主向往的空间和向往的生活。设计师按照业主的需求，为业主量身设计了一个好似“知己”的家。

何为“知己”？显然是最懂你的人，家亦如此。业主的生活习惯、喜好、文化底蕴等等，都是最符合、最贴近业主的生活的。基于业主需求，设计师将户型分析透彻，取其精华，去其糟粕，把此户型的亮点发挥得淋漓尽致，无论是空间的划分、空间的造型、细节的处理，都达到了人宅合一，后期设计师帮业主制订了详细的软装配饰方案，为整个空间起到了画龙点睛的作用，整体搭配拿捏得恰到好处，主次分明，达到了令业主非常满意的效果。

家是避风的港湾，更是心灵的港湾，设计的目标是希望每个热爱生活的主人都能拥有一个真正属于自己的心灵港湾。

Xinglong Villa

兴龙尚府

项目名称：兴龙尚府
设计施工：广东星艺装饰集团
项目面积：280 平方米
项目地址：秦皇岛
设 计 师：戴伟
项目用材：大理石、深啡、马赛克、进口壁纸、软包等

Design notes

设计说明

本案是为改善居住条件而装修设计住房，业主购买此房已有6年，可一直未寻得合意的装修方案。

自与设计师交流过后，业主便坚定了装修决心。本案第一个亮点来自进房第一步的门厅，原结构的门厅走廊较长，既浪费面积又影响使用效果，故大胆地将大门改到原有的衣帽间处，设置独立玄关，使长走廊变短，让大厨房、入户花园等一系列实用、美观等效果得到实现。

一层以会客活动为主，效果上力求简约、大气、高雅。二层则把原三室二卫改为两个独立的套房，让居住者各自拥有方便和私密的空间。三层则为平时休闲、学习、客用提供各种功能。